目次

關於封面

細川亞衣家有很多水果。
還有用橄欖樹做成的大木缽。
在那裡面有連著枝的柿子
和石榴等秋天的水果自然地擺在裡面。
在拍攝料理的空擋，
日置武晴看著還帶點青的普通柿子，
然後他所拍下的就是這期的封面了。
蒂的部分所呈現的質感，
讓這照片看起來非常有趣。

特集

細川亞衣的熊本日日生活

亞衣婚後
搬到熊本已經過了一年，
她接觸到熊本的食材與飲食文化，
獲得了許多有趣經驗。
她的料理
似乎也更豐富精采。
本期起，
亞衣的專欄更名為〈用熊本食材做料理〉。
第一回
就讓我們來拜訪她每天的生活。

文—高橋良枝　攝影—日置武晴　翻譯—蘇文淑

熊本食材做出4道料理

春日南瓜濃湯

這種曾出現在民謠〈otemoyan〉（編按：熊本民謠）裡的南瓜。這種南瓜的特徵是長達三十幾公分，外形像葫蘆，味道清爽不膩，似乎很適合搭配熊本產的柑橘類水果。

■材料（4人份）

春日南瓜 400克（瓜肉）
奶油 20克
粗鹽 5克
水 約400克
牛奶 約400克
蜜柑蜂蜜 2小匙
蜜柑汁 2小匙
肉桂

■作法

將春日南瓜去皮、去籽後切薄片。
放入鍋裡，撒上粗鹽後靜置一會兒。
等到出水後，加進奶油、蓋上鍋蓋，開中火。
鍋中發出滋滋聲後，轉成小火悶煮。
不時將鍋底的南瓜往上拌，把悶出來的水滴也拌進南瓜裡，確實煮熟。
煮到南瓜軟碎、快要煮焦之前加一點點水進去。
續煮半小時，直到南瓜軟稠後倒入牛奶和水，用攪拌機打成泥。
接著視個人喜好調整濃稠度。
重新用小火加熱，一邊攪拌到差不多之後盛盤。
擺上一片蜜柑薄片，淋上蜜柑蜂蜜和蜜柑汁拌成的淋醬，再磨一點肉桂上去即可。

栗子義大利麵

這道義大利麵是從丸子湯的作法裡得到靈感。
熊本的魅力之一就在於秋日一到，能吃得到美味的栗子。

■材料（4人份）

- 高筋麵粉　100克
- 全麥高筋麵粉　100克
- 鹽　5克
- 水　100克
- 栗子　20～40顆（視大小斟酌用量）
- 特級初榨橄欖油／帕馬森起司／粗鹽

■作法

把高筋麵粉、全麥高筋麵粉跟鹽巴全都倒在木砧板或調理盆中，堆成一座小山，邊加水邊攪拌。

拌勻了之後，開始揉麵。直至麵糰表面變得光滑後，放進調理盆裡覆上布或保鮮膜，醒麵30分鐘。

接著將麵糰推薄、推細，捏下約大拇指大小的片狀，把它推薄成容易入口的大小。每一片大約1㎜厚，形狀不需要一致。

把栗子蒸熟或煮熟，放涼後剝殼去內膜（太大顆的栗子要切開）。把一些栗子用濾網篩成泥，擺在一旁。

義大利麵快煮熟的前1分鐘（共煮約3分鐘），把栗子放進濾網中一起下鍋溫熱。

麵煮好後，將栗子放進煮麵水裡，濾掉水分（請預留一些煮麵水在旁邊）。

把麵條跟栗子盛入事先溫好的盤子裡，淋點剛才的煮麵水（稍微蓋過盤底）、磨些帕馬森起司、淋上特級初榨橄欖油、撒上栗子泥跟粗鹽即可。

馬肉排佐鹹酸豆

熊本市內到處都看得到賣馬肉或馬肉沙西米的招牌，這點讓人確實感受到當地特有的馬肉文化。馬肉的鮮美肥肉與瘦肉，非常適合義式料理。

■材料（4人份）

馬肉（用喜愛的沙西米部位）

鹽漬酸豆

特級初榨橄欖油

黑胡椒

■作法

把特級初榨橄欖油跟黑胡椒塗抹在馬肉上後冰鎮。

充分加熱鐵製平底鍋或煎烤鍋，把其中一面煎烤得恰到好處。

盛盤。撒上切碎的鹽漬酸豆、磨點黑胡椒並淋上特級初榨橄欖油即可。

赤酒果凍佐冰鎮夢牛奶

「新年喝屠蘇酒的時候，熊本人好像都喝這種赤酒。」亞衣說。熊本人也把這種當地特產的酒當成味醂的替代品。這種酒裡加了薑，搭配香濃的牛奶無疑是別出心裁的夢幻組合。

■材料（4人份）

吉利丁片　2克

赤酒（熊本灰持酒）　200克＋α

蔗糖　20克

薑　40克

夢牛奶（熊本當地特產非均質化牛奶）　400克

■作法

吉利丁片泡水。

在鍋裡放入200克的赤酒與帶皮薑片，開小火。蓋鍋蓋，以文火煮10分鐘後過濾一次。

加點赤酒，讓總重量達到200克。

蓋上鍋蓋，以小火煮到鍋緣開始冒泡，立即關火，加入擰乾的吉利丁片後拌勻。

過濾至調理盆中，將調理盆泡在冰水裡冷卻，同時繼續攪拌。

攪拌到開始黏稠後，倒進果凍盒裡，放入冰箱讓它凝固。

把凝固的果凍盒浸入溫水中一下，倒扣至盤中，加入冰涼的牛奶即可。

＊夢牛奶　http://www.iimilk.com/

＊赤酒　http://www.zuiyo.co.jp/akazake/

熊本鄉土食物・丸子
為我們示範栗丸與豆丸的作法

「我印象很深刻。我記得結婚那天，真由美和一群人做了一大堆栗丸，可是我那天根本就忙得沒有時間吃。」

「那天我們大概做了五百顆栗丸吧！」

在細川家工作了35年之久的真由美說。她從亞衣的先生細川護光2歲的時候就來到了這個家工作。有了這位前輩在，亞衣可以放心了。

「每個家庭的丸子作法都不太一樣，主要就是用麵粉加水去揉成麵糰，壓扁然後撕成一片一片，接著看搭配什麼食材，可以做成正餐，也可以做成小菜。」

亞衣與真由美。兩個人合作無間捏著丸子。

所以今天就請真由美為我們示範栗丸跟豆丸的作法。

「妳先生喜歡吃豆丸。豆丸搭配的是新薑泥和醬油。這道菜沒什麼訣竅，就是要用新薑。晚秋的時候根菜類當令，是最好吃的時候，那時不自覺就會想來碗丸子湯呢！」

除了這種加了很多料的「丸子湯」，熊本還有各式用丸子做成的料理，例如用麵糰包上生地瓜去蒸熟的「速成丸」（現在通常改包紅豆餡）。亞衣已經從生活裡發現，丸子是熊本餐桌上不可或缺的一種食物。

「很有趣的是真由美做的丸子不是用蒸的，而是用煮的，這與義大利麵的做法很像。」

亞衣似乎從真由美做丸子的作法裡得到了一點靈感。從前人們在做丸子的過程中彼此自然產生聯繫，而今，這似乎依然不變。

趁著新婚改裝好的廚房裡用了霧面不鏽鋼廚具跟石牆，每一個角落都功能齊全方便使用。而窗外，壯碩的桂花樹正盛開呢。

栗丸

把栗子做成內餡，用揉好的麵皮包起來水煮的丸子。

材料
栗子……500克　丸子粉……150克
鹽……適量　低筋麵粉……150克
砂糖……30克

每戶家庭調配出來的丸子粉都不太一樣。把粉加上鹽和水仔細揉勻，揉到像耳垂那麼軟。

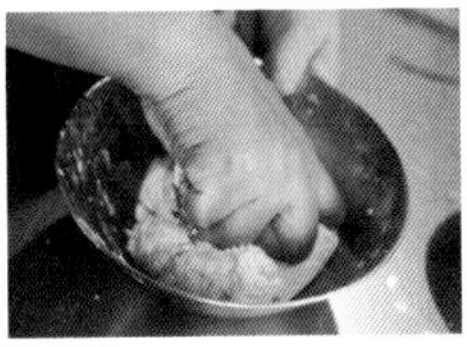

把栗子剝皮、水煮。煮軟後倒掉鍋內的水，但鍋底要留下一點水。接著加進砂糖跟鹽拌勻。

揉好的麵糰掐成像乒乓球那麼大，擺在手上推薄後把栗子包進去。丟入滾水裡，煮到浮起即可。

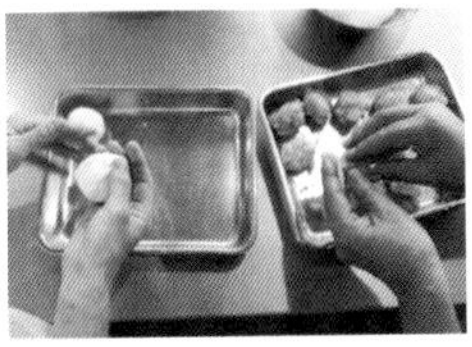

豆丸

麵糰裡加進黃豆，煮熟後沾上薑泥跟醬油。

材料
黃豆……1／2杯　低筋麵粉……200克
鹽……適量

黃豆泡水一晚。濾乾後加上低筋麵粉、鹽和水確實拌揉。麵糰要揉得比做栗丸的麵糰稍硬一點。

把麵糰放在手上，配合黃豆的顆粒厚度壓成橢圓形，最好不要讓豆子擠在一塊。

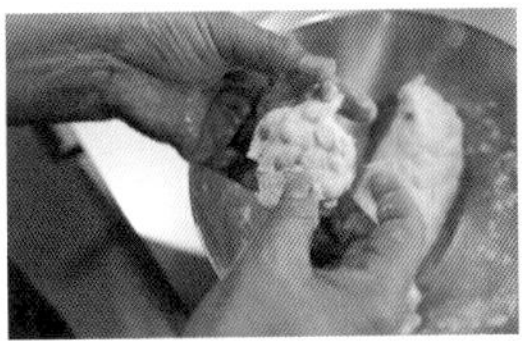

把黃豆麵糰丟入滾水裡煮熟。因為用的是生麵糰，要煮得熟一點。等麵糰浮上來後撈起來濾乾。

拜訪阿蘇的農家
高島和子

高島和子在阿蘇從事了20年無農藥、無化肥的務農方式。細川家會向她家訂購米和茶葉。讓我們來參觀她的農田。

茶園後面開著土當歸花，樹下還長了蒟蒻。

從熊本市內開車約40分鐘，位於阿蘇內輪山跟外輪山之間的破火山口一角，在南阿蘇村裡就坐落著今天要去採訪的高島和子自宅跟農田。

自從18年前，高島和子在茶園栽下第一株茶苗後便採無農藥栽培，3年前更連堆肥都放棄了，採用無肥農法。沒沾任何農藥的嫩葉在陽光下綠亮地舒展。

「我想養出能安心讓孩子赤腳踏進來、沾到嘴巴也沒關係的健康土壤。」

高島和子並非農家出身，20年前，她還只是個住在福岡的上班族太太。

「那時候我已經開始訂購有機蔬菜，也會去參觀別人的田，後來自己也想試試看。」

於是在35歲時，高島和子跑到阿蘇接受為期3年的農業訓練。她先帶著3個孩子搬到阿蘇，她先生則於3個月後搬來相聚，從此開始通勤到福岡上班。

「要不是我老公有工作，我也做不了。光靠種田根本就吃不飽！」

高島和子爽朗地笑著。如今3個孩子都已經成年獨立，她跟從事陶藝創作的次女李惠，以及已經把工作地點改到阿蘇的先生3個人住。

除了茶園跟蕎麥田，高島和子還借了其他的地種水稻跟蔬菜，共有6塊。這6塊地分散在完全不同的地方，移動時得開車。她的水田裡種了九州的日之光米、紫米、紅米跟綠米。綠米這種稻子我是第一次聽說，稻穗是墨黑色，非常美，裡頭的穀子好像是淡綠色的。

至於她的菜田裡一年四季輪作的蔬菜加起來差不多有60種，另外還種了稗、黍、粟等小米雜糧，連棉花都種了！

「田裡免不了長雜草，蟲也會來啃，不過我覺得一切達到平衡就好了。」

看來對高島和子而言，以一個「共生」的角色存在於自然界裡絕對比使用農藥來提高產量，更能令她歡喜。

不用肥料也能種出這麼健康的茶葉（右）。不用農藥就種不出茶的說法，難道是騙人的？蕎麥花（左）的香味如何？

走在前往茶園的小徑上的高島和亞衣。從樹上灑落的陽光非常美。

高島和子拿著傳統工具示範給我們看，
雜糧（稗）就是這樣去殼的。

紅米稻穗在秋陽下搖曳成一片金黃色的浪。

棉花的花

花色由粉轉白的午後，
轉眼即謝。

荏胡麻

荏胡麻油就是用這製作。亞衣很喜歡它的葉子。

紅鳳豆

福神漬用的七種菜之一。還在枝頭上的要留下入茶、做育苗用種籽。

青椒

看起來好美味，就這麼生吃也沒問題。

辣椒

這也要留籽用的嗎？採剩的會任它們自由生長。

秋葵

大得嚇人。這也是要留籽育苗用的。

長茄

種了米茄等好幾種茄子。茄子紫真美。

綠米

稻穗深紫，但把穎殼剝掉後，裡頭是淡綠色的米。

絲瓜長成一條綠蔭通道。清風吹過，站在綠蔭道裡的亞衣忍不住說好舒服唷！

高島家午餐
自家種的鮮美蔬菜
令人感動

「弄得太晚，丸子湯煮過了頭，我自己喜歡吃清一點的湯呢。」

高島和子很不好意思的說，但我們這餓肚子三人組——日置、亞衣和我，一看到眼前一字擺開的豐盛料理很感動。

寬敞的起居室正中央是個大地爐，一盤又一盤的菜就這麼擺滿了地爐邊。

用餐的除了我們之外，還有高島和子的次女——陶藝家李惠、謙稱「正在跟高島和子學務農」的弟子下田，一群人熱熱鬧鬧地開飯囉！

高島和子原本沒打算置產，但在某個契機下起心動念買下的這間佔地四百坪的寬敞房子，還把其中一間榻榻米房拿來當成「陽窯」負責人李惠的作品展示間。庭院後頭，還搭了一個很大的登窯。

院子裡曬著芝麻、玉米跟稗等雜糧，角落裡靜靜擺著做陶用的陶土跟釉藥，一切都訴說了這個家庭的行業。

「我種田剩下來的稻草、麻稈跟蕎麥稈等等，全都可以讓我女兒拿去燒成灰，加進釉藥裡，一點都不浪費。」

把生產的東西全都物盡其用，完全是名符其實的環保生活。

高島和子在5年前，開始栽種釀造日本酒用的「山田錦」稻種，她把酒廠釀成的純米原酒名為「天祥地瑞」，今年也打算用無肥栽培的山田錦來釀酒。

「因為每年有兩次拜地神的儀式，會把酒跟鹽灑在田地裡，那我想，用自己種的米來釀酒更有誠意。」

花了20年，來到了今天連日本酒都釀出來的程度。而那經年日曬的肥胖的手，從第一關節處便像竹耙子一樣異樣內彎。她笑說那是職業病啦，沒辦法！但我卻突然不知道該說些什麼，的確，半調子的人幹不了農家。我的心再次被打動，在那樣嬌小的身軀裡，到底是從哪裡燃燒出那麼龐大的熱情呢？

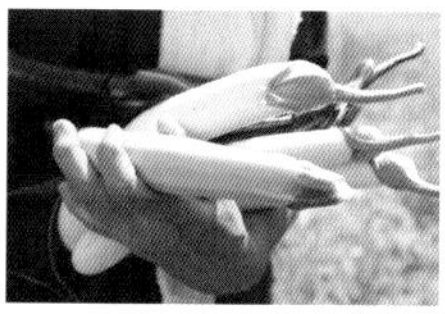

院子裡曬著白芝麻跟雜糧。後頭的塑膠桶裡裝著做陶用的釉藥跟陶土。

高島和子

高島和子的丸子湯是用當地的麵粉做的丸子，
加上大量的自家種蔬菜。

上圖為黑芝麻。
中圖是正在連殼曝曬的栗子。
下圖是育種用的玉米。

圍著地爐享用有點晚的午餐。右起細川亞衣、次女李惠、下田、高島。除了漆器外，其他餐具全是李惠製作的。

菊薯金平煮

菊薯本身已經很甜了，所以沒加糖，只用了醬油跟辣椒調味。

味噌炒苦瓜

跟茄子、紅椒一起炒，用自製的米味噌調味。拌著糙米飯，非常下飯。

涼拌小黃瓜

把阿蘇當地的小黃瓜片薄後，加上新薑跟紫蘇葉，用鹽抓拌。

奶油滷南瓜

用鮮奶油、豆漿、鹽跟胡椒調味的滷南瓜，有點西式。

淺漬蘿蔔葉

加了辣椒後用天草鹽抓拌，再撒上自家生產、焙炒的芝麻碎。

焗米茄

米茄切片後烤過，加上甜味噌、芝麻碎跟起司後送進烤箱焗烤。

紫米萩餅

藍紫色的紫米裡加點天草鹽，煮熟後包上紅豆餡跟栗子，揉成米糰。

精心改造美軍舊宿舍而成的小林寬樹宅邸

在東京福生市周邊
幾十年前
有一大片給美軍使用的房屋
造形作家小林寬樹
為如今所剩不多的一棟進行改裝，
並在那裡生活
這是個徹頭徹尾都非常講究的家。

文—高橋良枝　攝影—日置武晴
插畫—田所真理子
翻譯—褚炫初

我們在一個偶然的機緣下，巧遇這房子。當時《日日》的工作人員為了拍照在尋找居家攝影棚，而攝影團隊前往的恰巧就是小林家。

小林寬樹是《日日》15期中撰寫〈從生活中灑落的種子〉這篇稿子的造形創作者。我聽說這兩個讓人驚訝的偶然，而且，這房子還非常的棒。

因此，這一期我們便來此進行採訪。

「很久以前我就在注意這棟房子，後來從某陣子開始，感覺不再有人出入。」

向附近街坊打聽，原來一個月前住戶搬走了。問題是房東說「打算要拆掉」，因此沒辦法承租。後來用盡辦法拜託，好不容易才以限期四年的條件租到。不過，接下來才是大考驗。

「光是清掃就花了我們兩個月呢！尤其打掃廚房真是大工程。臭到連戴上口罩都不能呼吸的程度」妻子庸子說。

她們是在松本市的工藝展認識的，去年一月結婚。半年後為了可以定居而開始改裝，由於要修繕的地方實在太多，等不及完工就先搬進來住了。

庸子笑說，「簡直就像住在工地裡」，然而小林寬樹卻一副十拿九穩的樣子，「當下確實很破舊，不過我確信，這一定會成為我們很喜歡的居所」。

也許，這間大約六十年歷史的木造平房，被稱之為「小小的家」，然而它一點也不小，三房兩廳的每個空間都相當寬敞。

「聽說這裡是屬於將領級住的美軍住宅，牆壁好像重新粉刷了好幾次，刮除的時候看到原來的粉紅或綠色油漆，還滿有趣的。」

家具和桌子，來自古道具店或別人給的，小林寬樹再進行獨具匠心的修復。庸子工作室裡的作業台，就是用從廢棄小學要來的木板，再加上鐵桌腳而做成的。

家中每個角落，甚至連廚房裡的蔬菜，所有物件都要符合自己的審美觀，才會擺出來，追求完美貫徹到這個地步。因為嚮往電視劇《草原上的小屋》與《來自北國》中的生活，小林寬樹希望有天能回歸大自然過那樣的日子。我覺得，如果是他們倆，在不久的將來，肯定能過著自己理想的人生吧！

包含奇卡（迷你臘腸犬）與安娜（玩具貴賓犬）兩隻狗在內的家族。布製品的搭配也很棒。

小林寬樹的作品 1
用小樹枝做成的麋鹿群。象徵走在阿拉斯加的廣大平原的麋鹿群。

作品 3
用葵瓜子做身體的刺蝟。為什麼如此可愛呢？

作品 2　把在15期曾經出現過的白熊膠台座排成一列。這是訂製品。

小林寬樹的部落格
http://kanju-blog.jugem.jp
小林庸子的部落格「縷縷日和」
http://ruru-biyori.jugem.jp

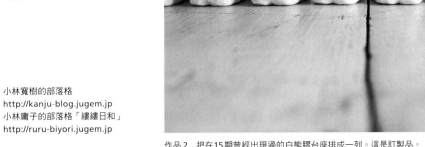

kitchen

廚房
移動瓦斯爐的位置，牆壁、櫃子的門板全部都重新粉刷。是打掃起來很麻煩的廚房。餐具櫃也只放自己喜歡的器皿。

before

before

living

客廳
這片牆以前好像是放燒柴火爐，天花板上還留著煙囪。擺放小林寬樹的作品與書的櫃子也都重新粉刷。
這道牆的後面是浴室。

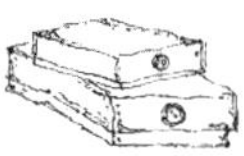

before

外觀
屋頂有煙囪。乍看之下好像沒那麼破舊，但地板都已經壞了，是相當大的工程。只是一年時間，庭院的植栽也有這麼大的變化。

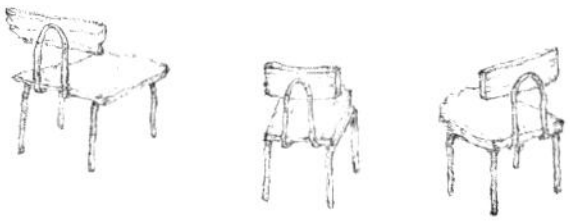

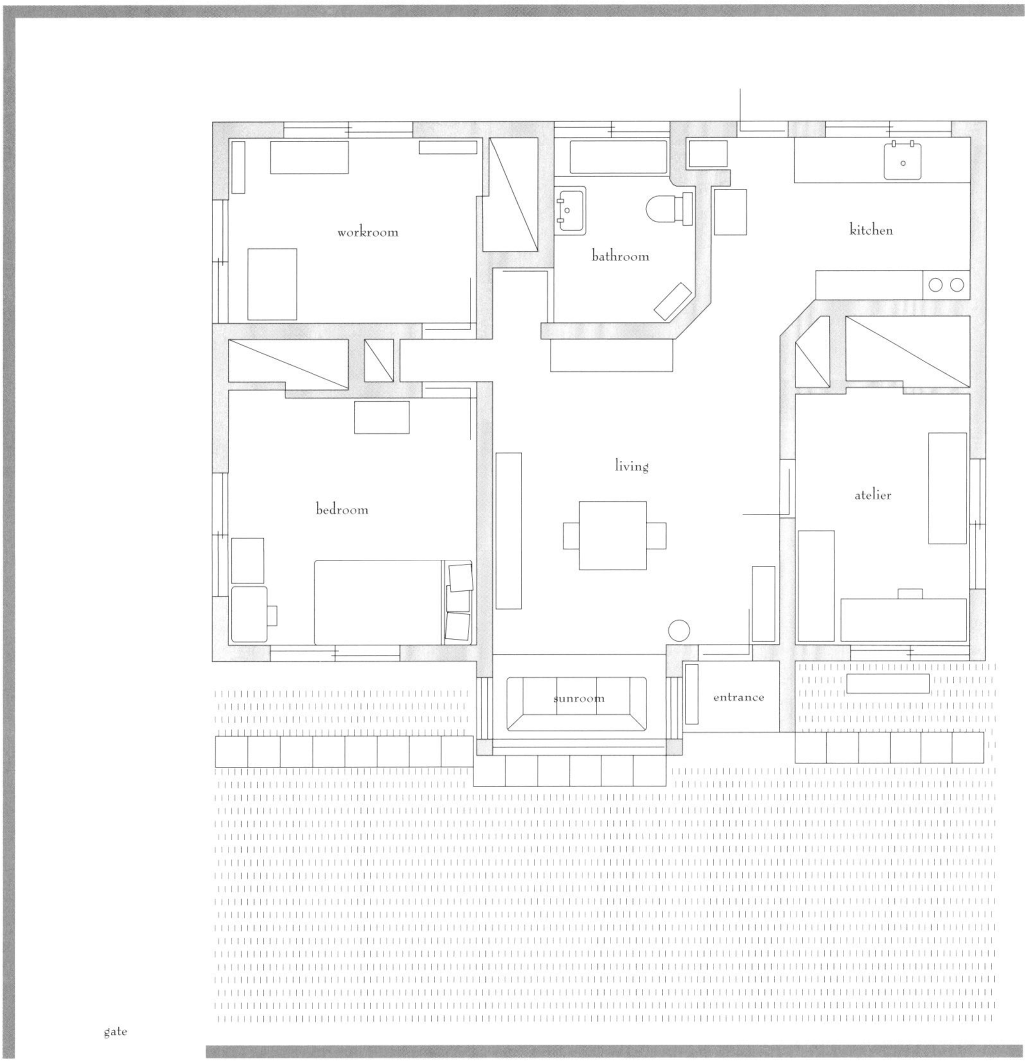

浴室
這是60年前日本工匠所做的浴室。應該是沒看過歐美浴室所做出來的樣子吧？不過細長深型的浴缸走的是和洋折衷風格。馬桶和以前一樣。

bathroom

before

sunroom

日光室
把隔間的玻璃門拆掉，放上低矮的沙發，就成了寬敞的角落。而窗戶只是換了窗框，感覺就煥然一新。布製品的裝飾是庸子的傑作。

before

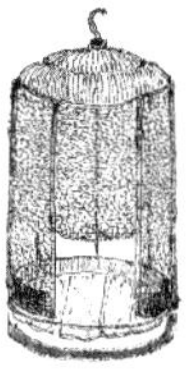

garden

庭院
塗上白漆的木板圍牆上爬了初雪葛。還種了白花馬鈴薯藤、梣樹、橄欖樹、藍莓樹。也有鼠尾草、薄荷等香草植物。草地上則擺了桌椅。

鳥籠是之前展覽時所做的作品。裡面放了鳥的雕刻品。

atelier

工作室
這裏是庸子的工作室。他在這裡設計並製作隨身使用的錢包、皮包等布製品。線與鈕釦等小工具美麗而整齊地陳列著。

這個展示櫃裡擺著小林寬樹的作品以及如夢似幻般美麗的乾燥花。

bedroom

臥室
想要重新塗裝牆壁時，把之前的漆剝下來，好像出現了粉紅色和綠色。小林寬樹說，不知道反覆塗了多少次呢！使用布的方式，果然非常好看。

在客廳也有一個古董式的鏡子。家具只有冰箱是新的？

桃居・廣瀨一郎
此刻的關注⑳

探訪 堀仁憲的工作室

陶藝家堀仁憲從老家福井搬到東京郊外的工作室兼住家，是與伴侶坂野友紀從零開始打造。在這裡隨處可以感受到在創作上合作無間的兩人對居家環境的堅持。想必新生活的精華也會反映在今後的作品上吧。

文—草苅敦子　攝影—日置武晴　翻譯—王淑儀

厚重的玄關拉門也是古董，所用的軌道是坂野自己做的。

看不出來是剛蓋好一年的新房子，二樓的窗戶有著濃濃的古風。

「剛蓋好，非常棒的房子。」廣瀨一郎是這麼描述堀仁憲的自家兼工作室，然而當我們抵達時一看卻發現與想像中的「新房子」有些不一樣，相較於周圍的住宅是看起來顯得有深厚歷史感的建物，然而也不單單是因為它具有老宅才有的格局或是柿漆的深色外牆而已。

「門窗、家具都是用我住在福井時收集的古道具。」喜愛收集老東西的堀仁憲說道。他將過去的戰利品活用在新家的建材、生活道具之上。門軌、窗框是自己動手做、木板裝上桌腳做成桌子、改做成櫃

這一天是酷熱未消的初秋之日。坂野也與我們一起坐在通風、挑高的客廳裡談笑。
堀仁憲前一天才剛去理了個大光頭與笑容耀眼得快令人睜不開眼睛。

子等，為這些老東西找到合適的地方發揮功能。這些古董品各自是在不同的時代、國家製成的，在這個家卻能融成一體。

「日本、中國、朝鮮（韓國）都有許多古董愛好者，然而堀仁憲卻能夠不將古董只當做古董來看，而有更廣闊的心來對待它們，讓人耳目一新。」連廣瀨一郎也對他的收集品感到驚豔。

堀仁憲與時常在《日々》出現的金工創作者坂野友紀結婚已兩年。2004年兩人認識之後沒多久堀仁憲即離開東京、福井，後來因為製作急須向坂野訂製金屬把手，透過作品兩人的交流日漸深厚，也在各地一同舉辦雙人展。後來因為結婚開始找房子要作為新家，兩年前看上現在這塊地，決定在這裡蓋起自己的房子。

主屋的一樓挑空兩層樓高，是通風良好的客廳與廚房、浴室等用水的空間，後面則是坂野的工作室；二樓有主臥室、小房間還有一個像藝廊般的空間，可陳列兩人的作品。另有一間與坂野友紀的工作室相連而建、供堀仁憲作陶的小屋。

「我將原本就有的這間小屋拿來作為我的工作室，在蓋主屋的同時，我也在這小屋製作器物。除了主屋的基礎建設是交給專家，其他部分都是我跟木工師傅一起打

二樓可以看到兩人至今的作品。他們正在考慮有一天要在家裡辦展覽，對外開放參觀。

造的。」

堀仁憲出生在日本六大古窯之一的越前燒附近，大學時代專攻泰國、越南的古陶瓷器研究，然而一直到大學畢業之後，他才開始自己動手作陶。

「開始的第一年是自己摸索，之後回到老家福井去拜師學藝一年。」與此同時一邊在陶藝教室開課，也學著創作。25歲時，將老家的車庫改成工作室，添購煤油窯及轆轤，1999年才出師成為一名陶藝作家。

「以前很常看到他做出像安南（暹羅）宋胡錄那種東南亞古陶瓷的彩繪作品。」廣瀨一郎回想堀仁憲過去的作品風格。

「嗯，有一段時間是如此，也有志野、瀨戶、織部、三島等等，總之就是什麼風格都有，大多是那個時候自己喜歡的古陶瓷會影響我創作的風格，因為現今留存的古董陶瓷器完成度都很高。」

「原來如此，我覺得堀仁憲做的器物都很講究，原來是受到這樣的影響。另一方面又令人感受到很有他自己的味道，這是因為他不是單純地模仿，而是徹頭徹尾在創作自己的作品吧！」

即使使用同樣的陶土、工具，也會因為每個人的手形、節奏不同而創造出自己的

（右上）：工作室裡有將昭和時代的馬口鐵製冰箱拿來收放作品的櫃子，柱子上掛有一排測量尺寸用的竹蜻蜓，構成了帶有點奇幻氛圍的光景。沉靜如佛像的立體壁掛是堀仁憲與坂野的共同創作。佛手上捧著貓咪擺飾。堀仁憲正朝內探看的大窯是他現在主要在用的電窯，剛出道時買來使用至今的煤油窯上頭擺放著一群客人時常回頭訂製的白色鎬刻器物。

味道。堀仁憲在下意識中表現的自我轉化成作品的優點，創造出既大器又柔和的造形。這三年他增加了瓷器的作品，今後也許是希望朝創作青瓷的方向前進吧！

不僅是創作的環境，連生活的部分至今也一直在用心經營著舒適的空間。廣瀨一郎說：「不僅是他們夫妻如此，那些創作生活器物的人們都很注重生活，這一點我們經常可從這些生活工藝反映了創作者的生活方式來應證。」

坂野小堀仁憲五歲，但是在創作時，似乎是坂野較常會提出嚴格的意見。

「因為我很容易就會弄得一團糟，亂無章法，所以在生活上，我每天都會被她唸，好像她是我媽媽一樣。」堀仁憲笑道。相互刺激、互補的兩個人一同生活，不也是讓彼此走向另一個與過去截然不同的作品世界嗎？

堀仁憲
Kazunori Hori

1973年生於福井縣武生市，就讀金澤工藝大學時研究東南亞古陶瓷。畢業後開始自學作陶。1997年開始拜師學作越前燒，1999年出師，2008年移住東京八王子。不只是名陶藝家，也為團體展、其他個人作家的展覽策展、監制，從事出版工作，全能的製作人。

兼具古陶瓷器之美與大器 融入餐桌風景中的器皿

文—廣瀨一郎 翻譯—王淑儀

絕妙的俐落感，堀仁憲的作品最初給予我的印象是簡潔的造形又帶有適度的圓潤，營造出令人放鬆心情的和緩氣氛。這圓潤若是多一分則顯得鬆懈，少一分又讓人感到堅硬。這些應是在他的計算之中吧？不，應是下意識摸索出來的。在這之中，顯露出堀仁憲這位創作者的非凡品味。

右起
■直徑78×高63mm
■直徑75×高53mm
■直徑70×高65mm

堀仁憲運用古道具的方式也很有自己的一套，他吸收著亞洲古陶瓷器特有的大器，卻不會戰戰兢兢地受囿限，而是輕鬆地重新給予新的意義，做出適合我們現代用餐環境的器皿。

不會勉強去追求獨創，而是將老舊而美麗雜貨之精髓抽出、應用自如。乍看很簡單，其實需要很高難度的技巧。

右起
■直徑90（口徑30）×高135mm
■直徑85×高50mm
■直徑135×高55mm

桃居
東京都港區西麻布2-25-13
☎+81-3-3797-4494
週日、週一、例假日公休
http://www.toukyo.com/
廣瀨一郎以個人審美觀選出當代創作者的作品，寬敞的店內空間讓展示品更顯出眾。

器之履歷書❻
三谷龍二（木工設計師）
片口

文・照片—三谷龍二　翻譯—王淑儀

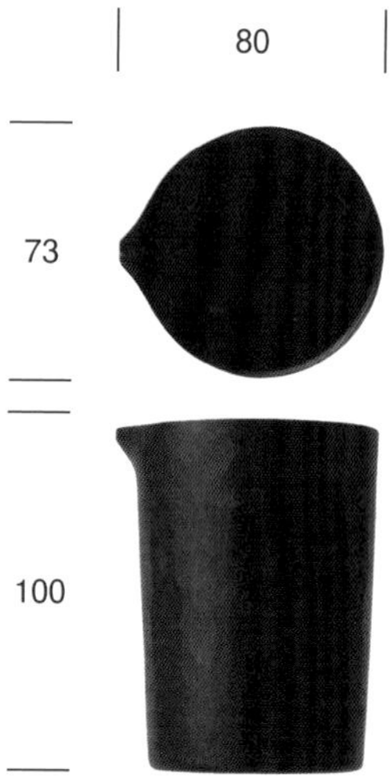

材質→櫻木　塗裝→黑染拭漆

在附近買的芥茉醬菜做為下酒菜。

斟酌液體用的注器與裝飾食物用的食器有著截然不同的魅力。至今我也做過幾個片口，曾經有名酒徒稱讚過我以櫻木為材製作的片口在倒日本酒時會散發出微微的木香。

這個片口的容量約為一合（編按：約180ml）多一點，每個人的酒量不同，有人認為這容量太少，得要不斷去加酒實在麻煩，也有人說晚上固定喝一合，這容量實在是太剛好了。總之愛喝酒的人總是喜歡一邊小酌一邊聊天，這酒器要成功成為他們的話題之一，對製作者而言實在是一大難題。手感、味道、質感、釉藥的成色、理想的形狀……，總之人人都有所講究，且講究的點又與食器有著絕大的不同。

柳宗悅曾經寫過一篇短文〈土瓶的注口〉。一般對不易控制水流的土瓶總是會嚴格評批道：「會讓茶水滴滴答答的瓶子根本就不該存在。」然而他卻意外地對土瓶很寬容，實在有趣。他說：「如果水流能夠好控制當然是最好的，但生活不必那麼神經質。」他的意思應該是斟倒時多多少少都會滴個幾滴，但就算如此也不要太在意，這樣的生活態度不是更自在嗎？

我擅自想像謳歌著「用之美」的柳宗悅對於「多少都會滴下來」的問題會寬容以待，他手邊應該有個他很中意的土瓶，不論是造形還是質感都無可挑剔，只是難免斟倒時水流不好控制、會有些滴漏之類的問題……。

柳宗悅是事事都憑直覺而非靠理性來決定，所以我想即使會有點滴漏也可以忍耐，無損於土瓶之美所帶來的價值，也許有人會認為這與他所宣揚的「追求實用到極致之時，自然就會接近美」有點不符，但有時候眼睛的判斷更能自由地超越腦海中所設下的框限，我自己也常有這種情形，不過就算被人家說是「說是一套、做是一套」，這個時候我還是想回說「就算多少會滴幾滴也無所謂呀！這樣不用事事追求完美的生活態度不是更自由、更好嗎？」

在黑夜較長的季節裡，我常一邊在工作為自己準備一套餐點：以托盤盛著一壺酒及一點下酒菜。照片中的那道下酒菜是我在附近買的芥茉醬菜，雖然只是道很簡單的小菜，但只要裝一點點，擺在托盤上就是一套酒膳，馬上就能營造出與平常吃飯時不太一樣的氛圍，真令人感到不可思議。喝酒時像這樣下點小工夫是很重要的，不僅味道會好，夜裡的時間也變得更愉快了。

這個筒型的一合片口較我先前做過的稍微大一些。小號的筒型片口我本來是想做來裝橄欖油、直接上桌的容器，不過感覺也滿適合裝日本酒的，於是又塗了一層漆。我雖然也喜歡用德利（編按：日本酒器）裝日本酒斟來喝，但在家晚酌時，要將酒移往瓶口小的德利實在是需要一個好用的漏斗，又喝完要洗、要擦乾時得花點精神，不免感到有些麻煩，我想這也是為何愈來愈多人平常在家會改用片口的原因。

這個片口的木胚是用機器跟手雕兩種方法做出來的，也就是所謂的混合技法。先以機器削出筒狀，要傾注液體的斟口部分會先留下較厚的木材，然後再以雕刻刀將其他部分削除，慢慢刻出片口的形狀。

連載

飛田和緒帶你做日本各地的料理❺

茨城的傳統料理

文—高橋良枝　攝影—廣瀨貴子
翻譯—徐小為

做好的「下野家例」、油炒味噌落花生和醬菜等擺放在餐桌上。

「可以放鮭魚頭，或者直接放沒煮過的生蘿蔔等等，每家的材料和作法都稍微有點不一樣。」

飯田繼一邊做著「下野家例」，一邊朗聲說道。下野家例是日本北關東（主要為栃木縣、群馬縣、茨城縣）的傳統鄉土料理，通常在初午之日（2月）製作，是為了祈求火災不要發生，和紅豆飯一起裝進稻草束中，供奉在茅葺屋頂上的節日料理。根據地區不同，也有發音略有差異的名稱。

飛田和緒這次造訪的是生於茨城縣筑波，結婚後長年居住在茨城縣南部土浦市的飯田繼。繼女士生於1925年1月，已經高齡90歲。飯田繼嫁入土浦的老家，一邊養育兒子女兒、照顧先生和小姑，同時操持農務。

女兒道子說：「媽媽非常喜歡做菜，完全不偷懶，真的非常厲害。而且自己的東西幾乎都是親自用工業用縫紉機縫製的，81歲的時候還開始學書法呢！」她的書法可是曾入選文京區文化祭的程度。

因擔心年邁的雙親，道子在繼女士80歲的時候蓋了一棟二代宅，決定和父母住在一起。就算離開長年住慣的土浦，搬到東京生活，繼女士還是很在意老家的田和蔬菜，常和先生往返東京和土浦。在自家庭院一角，也種各種當季蔬菜。

「黃豆如果沒有徹底炒過的話皮剝不下來。一開始要用大火炒，然後轉成小火炒到外皮焦為止。」

繼女士已經把80歲開始的挑戰——電磁爐也用得很上手了，她還笑著說上面有標示溫度，所以炸東西也很輕鬆。我們反倒還不會用電磁爐呢！飛田和緒、道子和我都忍不住苦笑。

炒完黃豆後，道子一邊說著「如果是鄉下房子的話就在院子吹風就好了」，一邊用團扇搧風把豆膜吹掉。

要找到適合作「油炒味噌落花生」的花生，著實費了一番工夫。市面上賣的花生幾乎都是炒過的，但沒有生花生不行，只好拜託茨城的親戚寄過來。

「這個花生太大了，我比較喜歡小顆的花生。」雖然繼女士嘴上這樣說，手還是不停翻炒著花生。市面上的炒花生都已剝去外皮，好像不太適合用來做這道菜。

「要好好炒到芯也熟透才行，那樣的話皮也很好吃噢。」

在飛田和緒和道子的關注下，繼女士繼續仔細地炒著落花生。途中飛田開口要求：「讓我炒一下。」，便和繼女士換了手。彷彿是一場孫女（？）和祖母的料理競賽。

在廚房並肩作業的飛田和繼女士。兩人站在一起就像親孫女和祖母（？）一樣自然。

飛田和緒與繼女士在文化祭入選的書法作品前合影。

代代相傳的醃菜重石上刻畫著飯田家的歷史。

道子也一起圍坐在餐桌旁的試吃時間。飛田從那之後又做了好幾次下野家例，「把黃豆泡軟，讓豆子入味就會很好吃，是會讓人上癮的味道。」她說。

院子一角的菜田，大小大約是三個塌塌米。現在這個季節交替的時期只有三葉菜而已。

油炒味噌落花生，
是可以保存一段時日的料理，
也算是一種常備菜。
花生中含有油脂，是營養價值很高的豆類，
因此過去也是被用來補充熱量與營養的珍貴點心。

油炒味噌落花生

剛從田裡收穫的落花生。似乎是因為花會落到地面再結出果實而得名。

①將洗過的花生放入塗好油的鍋中翻炒。慢慢仔細翻炒至花生芯也一併熟透。

②在味噌（姪女親手做的）中加入砂糖、味醂後攪拌均勻。也有人會加入麥芽糖。

③將拌好的味噌加在炒熟的花生上，徹底拌勻。

④繼女士開著小火在鍋內將味噌和花生細心攪拌均勻，飛田在一旁看得津津有味。

下野家例

在寒冷的季節製作的下野家例，
大約可以保存到一個星期。
特色是將蘿蔔用粗齒的竹製刨絲磨泥器
（日文稱鬼刨刀）刨成絲，
每個家庭的作法都有微妙的不同，
今天要介紹的是飯田風的下野家例。

竹製刨絲磨泥器。右邊是新品，左邊則是用了好一段時間，刨齒部分都因為磨損而變圓了。

①將黃豆用平底鍋徹底翻炒，如果不將表皮炒焦，皮膜會很難剝除。

②將炒過的黃豆放入搗缽，用搗棒大略磨碎，重點在於一邊將皮剝除一邊壓碎。之後放入碗中，再以團扇搧風吹掉脫落的表皮。母女倆久違的共同作業。

③刨去蘿蔔外皮，再用刨絲磨泥器刨絲。鬼刨刀是竹製的粗齒刨刀。

④刨去紅蘿蔔外皮，和蘿蔔一樣刨絲，之後將刨好的蘿蔔絲水分徹底擠乾。

⑤在酒和味醂混合後煮去酒精的煮汁中加入醬油、砂糖和醋，將所有材料一起攪拌均勻後加熱煮至熟透。

親手做一頓料理
療癒身心、補充元氣
是我們對
美好生活的期待

生活中有太多徒勞無功的努力，但動手做料理永遠值得——
好好的用指尖感受麵團的柔軟彈性、
看香氣滿溢的辛香料在石缽中飛濺成泥、
聽馬鈴薯和豐美草蝦在油鍋中滋滋作響……

只要你對食物用心付出，料理便會以舌尖的美味回報你無盡滿足。
下廚不需要任何複雜理由，因為分享的快樂，因為手作的療癒，因為……
簡單的喜歡，就是最好的理由。

小器生活料理教室準備開門了，進來一起作菜吧！

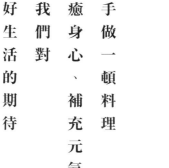

公文美和的攝影日記⓮

美味日日

點心

豪華宴會①

也可以外帶

豪華宴會②

大樓間的庭園

好棒的餐桌

公園的玫瑰

品種增加了

豪華宴會③

柱子也是綠意

太卷壽司

慰勞的點心

注視著魚鱗雲

喜歡熱狗

秋天的夕陽

花生點心

剖薪柴的地方

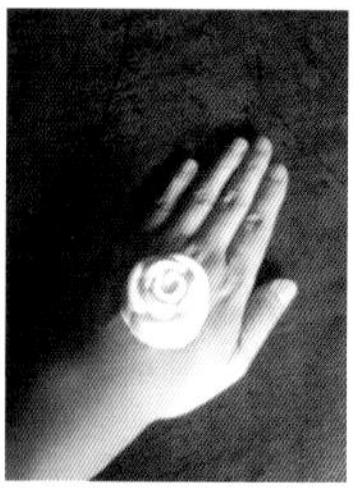
巴黎的護手霜伴手禮

歷史悠久的牆

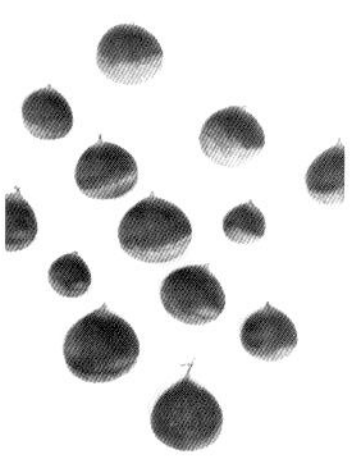
撿到的小栗子

剛剛好的量

天日鹽的「鹽二郎」

開法好可愛

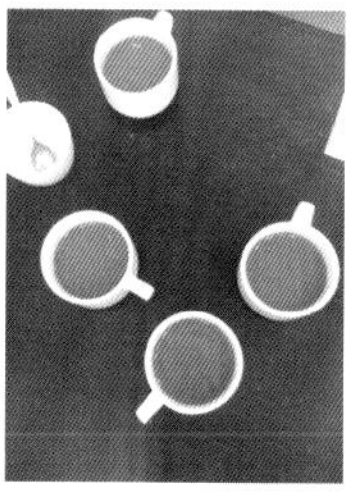
紅蘿蔔果汁

巴黎的糖果

秋日的藍天

麵包的拍照

義大利的伴手禮

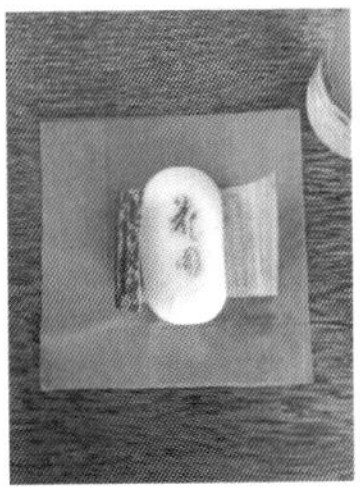
花園饅頭

新橋散步

這是什麼樹？

常去的中華料理店

今天也要加油了

梨子前菜

新橋的伴手禮

東京晴空塔

拍照的午餐

夏天的鍋燒烏龍麵

迫不及待等新米

漂亮的擺盤

喝茶時間

漂亮的鍋墊

反烤蘋果塔

義式熱醬沙拉

好好品嚐
奇異果的味道

看得見海的運動場

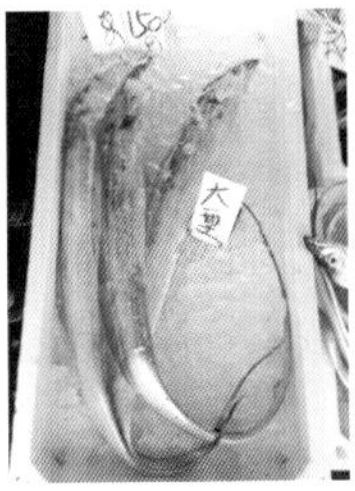
白帶魚

烘焙好的咖啡豆

秋天的夕陽

烤雞・阿武

在球場喝啤酒

藍莓

耶誕節的攝影

咖啡店的午餐

那須的樹

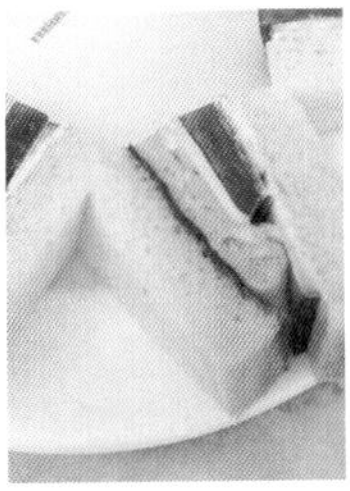
很適合配咖啡

銀座

日日歡喜 ⓰

「愛用的調味料」

吃是一件能讓人覺得開心的事，
而要讓東西好吃的魔法之一，
應該就是調味料了吧！
這期我們請一些日日的夥伴與料理人們，
來分享他們平常喜歡的調味料。

攝影—Evan Lin

Joël（料理人）
鹽

鹽是我最喜歡的調味料。在所有調味料中，鹽是最古老、蘊含力量最強大，功能也最遼闊的。完整地掌握並理解鹽的運用是一位主廚的必備技能。各個不同型態的鹽，運用手法也截然不同。以細緻的調味細鹽、片鹽、鹽之花來說，除了基礎的調味：鹹食你可以用鹽，甜食當然也會來一點鹽讓風味更深遠。上菜前的最後一手鹽，不僅鹹味，也會增加令人舒服的細脆嚼感。煎或烤肉、魚前撒點鹽在表面，可以把材料表面多餘的水氣吸收，讓脆皮的口感更出色。在不同的料理時間點，下鹽在菜餚中就會造成不同的效果，沒有任何一種調味料能像鹽一樣既純粹又帶有如此多樣的口感。如果說料理是從人類把食物以火煮熟開始，對美味的追求，就是從人類下鹽在食物裡頭開始的吧。

34號（專欄作者）
誠舖手工椒麻醬

先是被誠舖的網站所吸引，簡單的網路店鋪，感受得到店主對商品的嚴選；少量、本土、手工製造、一批做完需等有材料才有下一批。
原料係很純粹的花椒、麻椒、朝天椒製作，所以沒有雜味，單純的麻與辣，尤其麻香衝鼻，無論是湯、菜餚、麵點滴上幾滴，會有整個醒過來的新味覺。我最喜歡的吃法是水餃淋上白醋，再滴上一圈誠舖的椒麻醬，不用醬油、麻油，很快就能清空一盤，然後還想要……（笑）

佐藤敦子（料理人）
金蘭甜酒釀

我愛用的調味料之一是台灣的甜酒釀。原本我是想用甜酒釀來做點心，但因為甜酒釀的酒精成分太重，不適合做點心……正煩惱該怎麼辦時，母親建議我「用這個來醃魚或肉說不定會很好吃呢！」於是我就混著味噌醃豬肉，結果豬肉變得非常軟嫩很好吃。現在我常用這個甜酒釀來醃肉或魚。不過我不知道台灣人會不會也這樣使用這種甜酒釀，日本最近流行的鹽麴好像也傳到台灣了。但我對台灣原來也有這麼棒的發酵產品覺得很感動。這甜酒釀真的能讓魚肉變得更加多汁美味。所以現在我的台灣伴手禮又多了這一項了。

江明玉（小器店主）

埃及鹽

知道埃及鹽是因為先認識了高橋良子小姐。據說學生時代主修建築的她，踏入社會之後，雖然也做了一陣子建築相關的工作，但因為喜歡料理的關係，從餐廳廚房的助理開始學起，最後成為了料理研究家，埃及鹽的標籤上的圖像就是她的模樣。

該怎麼形容埃及鹽的味道呢？只能稱它為是魔法萬能調味料了。當初高橋良子是因為很多朋友希望她可以調製一款可以讓大家很方便地吃到許多當季蔬菜的調味料，所以她選用了幾種堅果跟香料以及天然鹽等做出了這款絕妙搭配組合的埃及鹽，就如同它的名字一般，非常具有異國風情，撒上一把，整個餐桌便頓時充滿了香味與風味，非常推薦拿來作為生菜沙拉的調味料的一款我的最愛。

王筱玲（編輯）

喜願白醬油

在編輯《日日》no.5的時候，我們做了一個「料理人IVY的台灣料理」單元，那時候到IVY老師家採訪拍照時，IVY老師推薦了這瓶醬油，還送了我一瓶用用看。這瓶醬油屬於比較淡的醬油，不加色素，百分之百使用本土的大豆和小麥做原料，是嘉義的嘉農酒莊製作給喜願行掛牌銷售的。一試之後，果然是帶些清甜的淡醬油，除了做菜時用來調味，後來我家連吃水餃，都直接只沾這個醬油，也用這個醬油搭配鵝油香蔥醬做蔥油拌飯。喜願白醬油在一般通路比較少見，所以每次到固定的販售點購買時，都會買個四、五瓶回家備用。

褚炫初（譯者）

泰國魚露

這瓶看起來像橄欖油還是紅酒醋的魚露，是在曼谷Central百貨地下超市，因為泰國好友推薦而買的。我對貨架上琳瑯滿目的魚露品牌不熟，味蕾也沒敏銳到辨別得出各家滋味，純粹是衝動購買。魚露是福建與廣東潮汕常用的調味料，但在我小時候的台灣並不普遍。我的外婆是廣東人，偶爾會對我訴說對家鄉的思念，「有一種醬油，不是很黑，有小魚和小蝦的香味，好好味……」。大一點在越南餐廳吃到魚露，才知道原來這就是外婆朝思暮想的滋味，然而外婆已經不在。中學因為泰國同學的關係，打拋肉是我學會的第一道料理。於是魚露成為串連外婆與異國摯友的味道，直到現在。

阿泰（料理人）
魚露

在泰國菜裡，不能當主角卻是不能缺的配角——魚露，雖然是我常用的調味料，但其實對它又愛又恨。討厭腥味，卻喜歡它烹調過後可以讓食物變鹹鮮、提升味道。而且對我來說，魚露是泰國菜的靈魂，會有回家的感覺。
泰國菜喜好海味，魚露是讓餐餐都能嘗到海味的其中一種醬料。除了鹽，魚露主要也用來調整鹹味，鹹味之後增加海味和鮮味。魚露的製造是用鹽醃漬魚，曝曬發酵釀造，再經煮沸過濾而得，前後需要半年的時間。不過魚露保存陰涼處長年不壞，這點還滿神奇的。
經過加熱或擠上檸檬，魚露的濃烈腥味就會消失轉化，是很有個性也很友善的醬料 。

蘇文淑（譯者）
森永煉乳

冬日的話，應該就是森永加糖煉乳吧！管狀的很方便，隨時可以拿起來啃。
嚴格來說，這瓶煉乳也許不能算是調味料，但是對我來說工作中忽然覺得「天啊，好像血糖過低了！緊急緊急！」這時候一手抓起放在桌上的森永煉乳，立刻就為心靈帶來滋補養分、讓身心靈重新補充馬力夯（因為說真的，這不能補充血糖）。
如果覺得直接啃太變態，那就加在草莓上或是塗麵包，但直接啃最快。

賴譽夫（編輯）
源發蔭油

調味品中要問我最有興趣的，莫屬豆（醬）油。
大抵分為濕式與乾式發酵法的豆油，由於是發酵品，便有地域性與各家獨法，自然造就了個別差異；再加上原料比例的多種組合，於是有意品究口味之趣的人便得以有廣大的空間。由於我不時會在彰雲嘉走動，正好這個區域是台灣豆油的集中產地，更便於我東買西試。
整體講來，我偏好黑豆系醬油多於（黃）豆麥系，家中常備數支不同商號的製品同時交叉使用；目前櫥櫃中站著瑞春黑豆油膏（壺底油）、黑龍（黑豆）白蔭油、丸莊珍露（豆麥），以及新開封的源發蔭油。
源發號這支是家中用量最大的，平時快速料理之時總是挑用這支；新學菜色則多先以這支當作基底，調理上手之後，才會再替換別支豆油嘗試口味，可以說是通用款，也算家裡的基本味道吧！

嶺貴子的生活花藝

春天的花與一輪插

忙碌的新年過去了，
可以好好沉澱下來，靜靜欣賞花的姿態。

本期要介紹單枝花的插花法，
不需要忙碌地張羅花材，
從陽台上剪下來的香草，
或是野外隨手摘回的藤蔓，
只要單獨一枝花與花器，
就能夠輕鬆從花朵自然的美感中獲得樂趣。

示範—嶺貴子　攝影—Evan Lin　文—王莉美

花

挑選花材時，依照每個人的手法，會呈現不同效果。但是記得不要太過刻意修剪，最好能夠保留花草原來的自然生長狀態及野性。單株花帶葉當然是很好，不過為了與花器的外型、尺寸互相搭配，需要斟酌減少葉子的數量。

器

關於一輪插的材質挑選，沒有限定哪種材質，也沒有孰優孰劣的分別。如果想要好好體現花朵與花莖的細緻高雅，玻璃較能表現出纖細的美感。

但是這也依時序而有不同感覺。例如夏季用玻璃瓶，感覺會很清透舒服；冬季用玻璃瓶的話，反而會讓人覺得有點寒冷。冬季的話使用濃厚色系的陶土花器，搭配乾燥的枝材（今天示範的圓形咖啡色花器）也很好。

花與器

搭配花器時除了顏色以外，質感的搭配也需注意。例如玻璃花器，適合纖細的花朵；木質花器，則適宜搭配枝材或乾燥花。另外，看似隨意的投入，還是需要顧及花與花器的露出比例。基本上花朵是花器的1至1.5倍高，看起來最舒服。當然還是得遵守平衡原則，不管是顏色或形狀的配置。

變化型

雖說是一輪插，但是如果遇到瓶口較廣的花器，單單一支花材可能無法順利固定住花朵的方向。或是較有個性的器型，難以找到適合的花型配合。
此時不妨再加上一至二支花材來固定與搭配。例如圖中的圓形陶瓶，搭配茴香。單朵的茴香分量太過單薄，所以在安排上，採組合的方式。先剪單朵花傘（同等陶瓶高度），再在後方搭配一朵長梗的花莖，花莖的長度可以留至3倍高度左右，這樣搭配起來比例會比較平衡。

嶺貴子
Mine Takako

出生於日本，目前居住台北。專業花藝老師。
2013年開設花店「Nettle Plants」。

Nettle Plants

位於生活道具店「赤峰28」一樓的花店。除了販售切花、乾燥花、各式花禮之外，不時也會開設花藝課程。相關開課內容請洽
contact@thexiaoqi.com
地址：台北市中山區赤峰街28-3號1樓
電話：02-2555-6969

場所

適合放一輪插的場所，不要凌亂的背景，最好是安靜、充盈著自然光的角落；或者能讓大家感到安穩與放鬆的地方。試著從一個角落開始，感受一枝花改變空間的力量吧。

34號的生活隨筆⓬

價與值與質

圖・文—34號

常讀到或聽到所謂CP值，其實我不太瞭解其真正含意，但從說出寫出的人所闡述的，似乎傾向於錢花得越少得到的越多，就是CP值高、就是值得、就是划算，於是一樣的價錢，喝到的湯比較大碗，CP值就高，一個價格吃到飽的自助餐，就是CP值高，便宜就好就是CP值高（？）於是大家都在講CP值，大家都用價錢去比，慢慢的成了價格才是重點，可是品質呢？最重要的是所得物品的品質，似乎被忽略了。

不是要嚴肅的討論或批評，而是才剛旅行回來，一路所見讓我一路都在想，那麼就來聊一聊吧。

舉例來說，新年旅程中有一餐是在大阪位在中之島上的中央公會堂內的中之島俱樂部，我和旅伴等餐時便討論了起來，當天的午餐是一日限定兩百份的蛋包飯附一碗湯，價格是780日幣，換算台幣約210元，也許就會有人覺得210元只能吃份蛋包飯和小小一碗湯，連飲料都沒有，很貴！CP值太低。210元台幣在台灣吃午餐，大約可以吃份咖啡館的簡餐；一份主食、一碗湯、還有附餐飲料，主食外多半還會有兩三碟青菜與小菜，比起蛋包飯和湯，是豐盛多了。可是中之島俱樂部的蛋包飯是用了三顆蛋、餐廳自製法式高湯醬汁（費時費工）、瑞可塔乳酪，一份份新鮮做出。咖啡館簡餐多半是購自大盤的調理包，食材想必不講究，更遑論新鮮度，附湯亦同，且附餐飲料多半是淡而無味的紅茶或不香不醇的咖啡。而我覺得消費價格應包含了環境與服務，中央公會堂是棟97年的歷史建築，挑高內裝優雅且帶著高級感、餐桌上鋪著熨燙平整的桌巾、擺著銀亮的餐巾架、鹽與胡椒罐，服務人員著筆挺的西裝，付出的價錢換得了值得的高品質與質感，是比數量豐富重要得多，也是我所講究和追求的。

一個作家的杯子、與一個大量生產的杯子，用價錢比一點都不公平，背後的努力和品質不能忽略。一把無生產履歷的青菜與一把有機且生產履歷清楚的青菜，貴和便宜已不是重點。價格絕對重要，但從來不應該是衡量的第一優先，品質與這一塊錢是否能換得等值回饋才是。考量值不值、質不質，而不只是貴不貴，也才能促進消費環境的進步，不是嗎？

MAKOTO
KAGOSHIMA
"ZUAN"
EXHIBITION
2015
4.4SAT–4.19SUN
'ZUAN' means decorative design and pattern.
Before the various canvases such as potteries or papers,
Makoto Kagoshima has no hesitation in drawing a design on each canvas.
Makoto Kagoshima's distinct drawing of animals and flowers
with lovely touch is quite expressive and well-construcied.
So his 'ZUAN', design and pattern does not limit the materials,
and makes each material more attractive with his expression
by handworks as well as the one by products such as fabrics and paper works.
+g
www.facebook.com/xiaoqip

日々・日文版 no.22

編輯・發行人——高橋良枝
設計——渡部浩美
發行所——株式會社 Atelier Vie
http：//www.iihibi.com/
E-mail：info@iihibi.com
發行日——no.22：2010年12月1日
插畫——田所真理子

日文版後記

「日之光（編按，稻米品種）、紅色、綠色、以及赭糯米的割稻已經結束，現在忙著整理雜糧的田地，要開始播種阿蘇高菜了。大蒜剛剛發芽，蕎麥也開始熟成，大地漸漸轉成一片冬季景象。」

細川亞衣去拜訪的阿蘇高島家，寫信來給我們。讀了她的信，讓我對田地裏的作物跟著季節的變化一起來到，有著很深的感慨。我想到鄉下去旅行。感受在東京生活所看不見的自然氣息有多麼的豐富。而且，這也應該正是原本人類所賴以維生的方式吧！

造形作家小林寬樹夫婦似乎也實際體驗到這種感覺。想到在鄉下自給自足、靠自己的雙手來生活，因此認真的開始尋找土地。我想有一天再去看看小林家的新生活。

細川亞衣在熊本的自然所圍繞的自家裡，似乎生氣蓬勃地過著快樂的日子。她的生活就是撿拾庭院的栗子、在自家土地角落採收名為「春日南瓜」的南瓜，然後再料理這些南瓜。

（高橋）

日日・中文版 no.17

主編——王筱玲
大藝出版主編——賴譽夫
設計・排版——黃淑華
發行人——江明玉
發行所——大鴻藝術股份有限公司｜大藝出版事業部
台北市103大同區鄭州路87號11樓之2
電話：（02）2559-0510　傳真：（02）2559-0508
E-mail：service@abigart.com
總經銷：高寶書版集團
台北市114內湖區洲子街88號3F
電話：（02）2799-2788　傳真：（02）2799-0909
印刷：韋懋實業有限公司

發行日——2015年4月初版一刷
ISBN 978-986-91115-5-3

日日／日日編輯部編著. -- 初版. -- 臺北市：
大鴻藝術, 2015.04　48面；19×26公分
ISBN 978-986-91115-5-3（第17冊：平裝）
1.商品 2.臺灣 3.日本
496.1　　101018664

中文版後記

「民以食為天」，其實，大多數時候，吃東西是一件讓人覺得很快樂、很幸福的事；而且不只是吃，煮菜也是充滿樂趣呢！因此，日日介紹了許多日本各地的飲食，常常有一種「啊，原來花生也可以這樣煮」，或是「沒想到自己在家也做得出義大利料理」的驚喜。這期有熊本的地方料理，也有茨城縣的阿嬤料理，是平常很少見到的日本地方料理。不知道大家看完之後，最想試著做做看的是哪一道菜呢？

在吃之前，煮食的過程中，調味料是不可或缺的，這期有日日夥伴，也有專業料理人來與大家分享在他們的飲食中，最喜歡使用的調味料。從這些分享中，也能發現許多熟悉的調味料有令人意外的使用方式。

（王筱玲）

大藝出版Facebook粉絲頁 http：//www.facebook.com/abigartpress
日日Facebook粉絲頁 https：//www.facebook.com/hibi2012